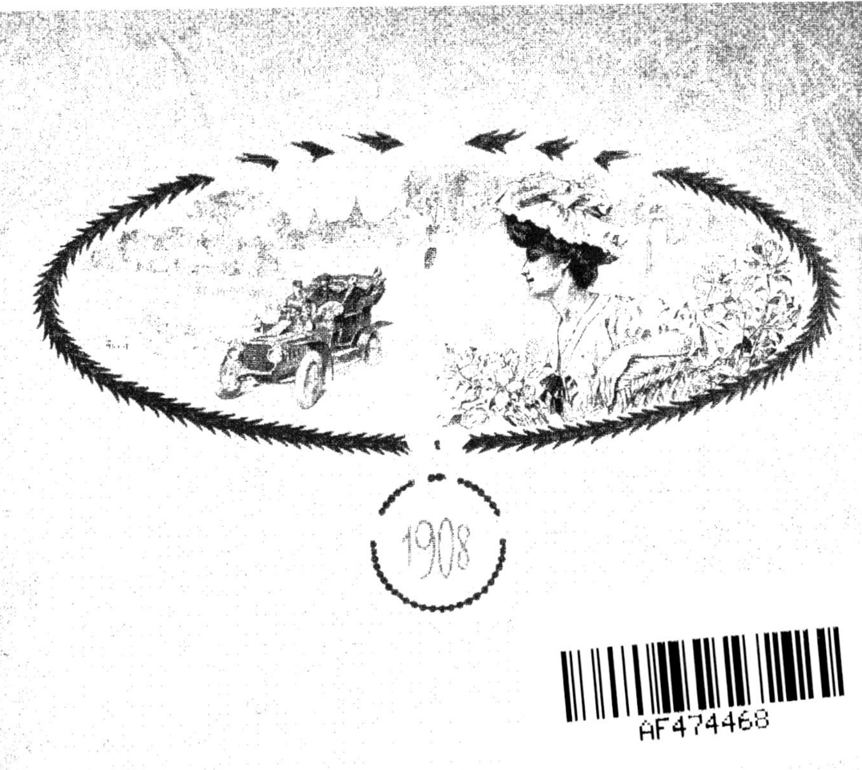

SOCIETE ANONYME
des
ANCIENS ETABLISSEMENTS
PANHARD & LEVASSOR

Société Anonyme des Anciens Établissements

PANHARD ET LEVASSOR

Au Capital de 5.000.000

Siège Social et Usine Principale :

19, AVENUE D'IVRY (XIIIe), PARIS

Salon d'Exposition à Paris : 24, Av. des Champs-Élysées

TÉLÉPHONE : 508-35

Atelier de Réparation
26, 28, Rue Nationale
PARIS

Usine Annexe
83, Rue Ernest-Renan
REIMS

American Branch : Broadway and 62nd St. N. W. Corner
NEW-YORK City

LIGNES TÉLÉPHONIQUES DU SIÈGE SOCIAL ET DE LA RÉPARATION
1re ligne : 800-66. 2e ligne : 800-86. 3e ligne : 800-45. 4e ligne : 804-91

DEVANT l'importance toujours croissante de la Société anonyme des anciens établissements Panhard et Levassor, il nous a paru intéressant de montrer à la suite de quelles transformations elle est arrivée à la place prépondérante qu'elle occupe aujourd'hui.

Lorsqu'il y a une cinquantaine d'années, M. Perin, le promoteur de la scie à ruban, fondait sa maison de constructions mécaniques, il était loin de supposer que ses ateliers deviendraient un jour le berceau de l'automobilisme, et que c'était de là qu'allaient sortir ces véhicules fameux connus du monde entier.

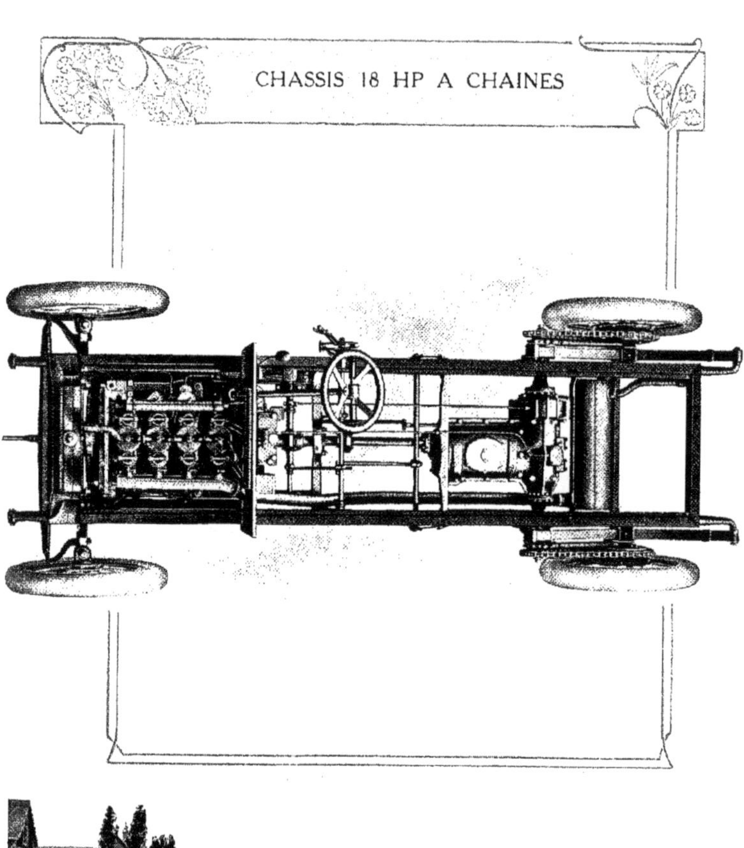

CHASSIS 18 HP A CHAINES

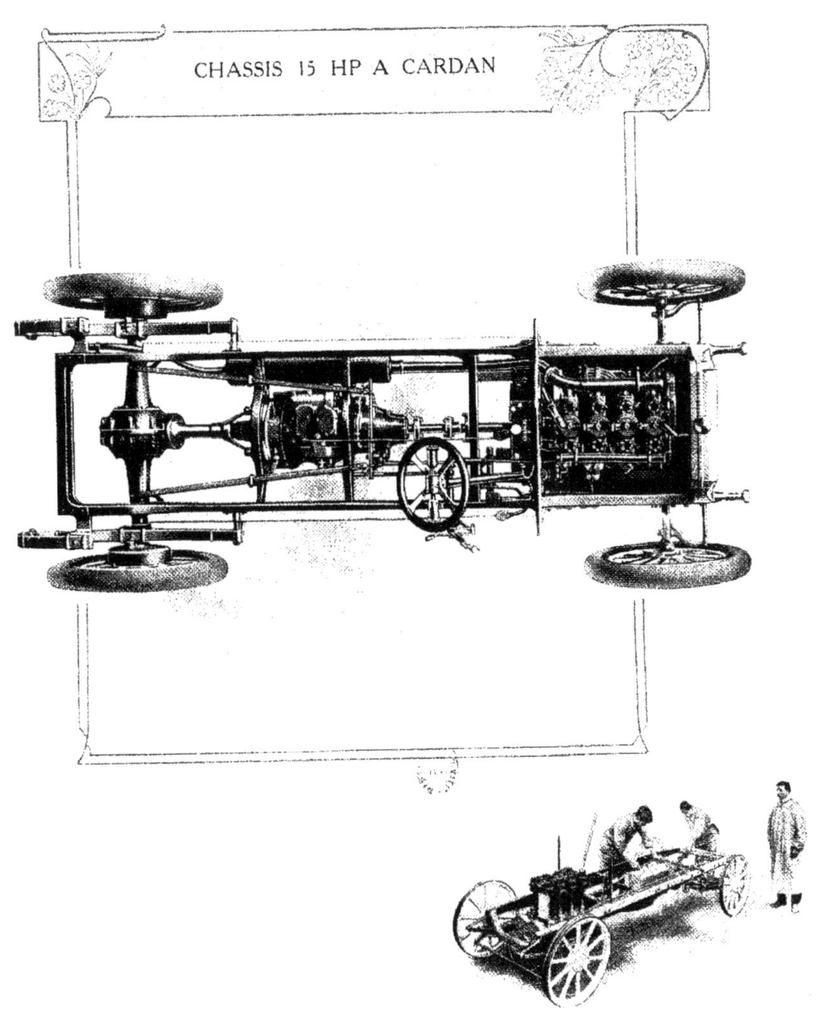

CHASSIS 15 HP A CARDAN

Pendant près de trente ans, la maison se consacra uniquement à la fabrication des machines-outils servant au travail du bois. Toujours à la recherche des branches de l'industrie dans lesquelles on pouvait utiliser avec avantages les procédés de construction les plus précis employés dans les machines à bois, elle étendit son champ d'action et commença la fabrication du moteur à gaz du système Otto. Daimler venait alors d'imaginer son moteur à pétrole, et en avait fait l'application à des bateaux. MM. Panhard et Levassor, qui, à cette époque, dirigeaient la maison, furent frappés des propriétés remarquables que présentait un moteur si léger et à la fois si rustique. Ils entrevirent immédiatement les hautes destinées auxquelles il était appelé et s'assurèrent le droit d'exploitation en France des brevets Daimler. Une de leurs premières applications fut l'utilisation du moteur à la propulsion d'une voiture. A partir de ce premier essai, la voiture automobile entrait dans la période de réalisation pratique devenue si féconde.

MOTEUR
(Côté de l'échappement.)

Si les progrès dans cette voie ont été si rapides et si fructueux, c'est parce que la maison a traité l'étude et l'exécution de ces nouvelles machines avec le soin et la précision qui, étant de tradition chez elle, lui ont assuré la renommée de bon constructeur à toutes les époques de son existence.

Les ateliers de construction de la Société Panhard et Levassor s'étendent sur un immense quadrilatère de près de 40 000 mètres carrés compris entre l'avenue d'Ivry et l'avenue de Choisy. Dix-huit cents ouvriers y travaillent dans les meilleures conditions d'hygiène et de confort, et la meilleure production s'est élevée à 1 400 châssis environ. Cette quantité est insuffisante, et bien que la Société ait créé une vaste annexe de près de 8 000 mètres carrés à proximité de son usine pour les réparations, elle a dû augmenter ses moyens de production en faisant l'acquisition d'un terrain de 35 000 mètres carrés environ situé à Reims. Elle y a installé des ateliers qui permettent d'accroître la production.

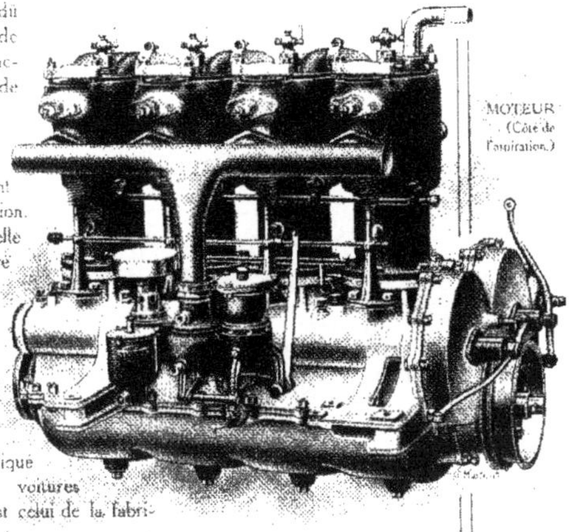

A New-York, elle a installé depuis quatre ans une succursale, où ses clients américains trouvent tous les renseignements utiles pour l'entretien et la bonne marche de leurs voitures.

MOTEUR (Côté de l'aspiration.)

Le principe appliqué à la fabrication des voitures Panhard et Levassor est celui de la fabri-

Phot. N. D.

LIMOUSINE

VICTORIA

★★

cation en série. Il consiste à faire exécuter à une même machine un très grand nombre de pièces du même modèle, et à outiller cette machine de façon que les pièces ainsi produites soient toujours absolument identiques à elles-mêmes, et que leurs dimensions soient scrupuleusement celles indiquées par les dessins. On sera sûr que les pièces ainsi fabriquées seront interchangeables. De cette façon, deux organes qui devront être montés l'un sur l'autre pourront être assemblés, sans nécessiter aucun ajustage, et lorsqu'on aura une pièce à remplacer, ce remplacement pourra se faire instantanément sans avoir besoin du concours d'un ajusteur expérimenté.

Un service de vérification très important contrôle l'exécution des pièces après chacune des opérations qu'elles ont subies. La vérification est faite au moyen de calibres comparateurs et autres appareils spéciaux appropriés à chaque pièce. Les pièces ne sont emmagasinées qu'après avoir subi cet examen sévère.

Depuis environ deux ans, la Société a adopté pour mesurer la puissance de ses moteurs le dynamo-dynamomètre. Cet appareil permet de suivre le fonctionnement d'un moteur de la façon la plus précise, en faisant varier à volonté la vitesse de ce dernier et la charge à laquelle il est soumis. C'est un véritable frein de Prony, dans lequel les frottements sont remplacés par des réactions magnétiques. Les indications de l'expérience sont donc absolues, et cette dernière peut être prolongée indéfiniment, puisque, loin d'être accompagné d'un dégagement de chaleur nuisible (comme dans le frein

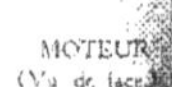

MOTEUR
(Vu de face

CARBURATEUR

de Prony). 90 % environ du travail produit est transformé en électricité qu'il est facile de recueillir. La supériorité du dynamo-dynamomètre a été reconnue telle, que la Société n'a plus voulu employer que cet appareil pour l'essai de tous ses moteurs.

Avant d'être livré, le châssis est soumis à un dernier examen : on s'assure par un essai pratique que son fonctionnement est parfait. Cette opération, appelée mise au point, est faite dans un atelier spécial et confiée à un personnel de choix. On commence par faire tourner le moteur sur place, afin de revoir bien exactement son réglage ; puis le châssis, muni d'une caisse provisoire, est essayé dans la grande avenue qui traverse l'usine, d'un bout à l'autre et ensuite sur la route.

Le châssis est alors prêt pour la pose de la carrosserie. Cette dernière opération est faite soit par nos soins, soit par ceux d'un carrossier. Une mise au point finale, un dernier réglage sont encore nécessaires ; ils sont faits par notre personnel dans nos ateliers et sur les routes et sont l'objet des plus grands soins.

Toujours fidèle à sa ligne de conduite, la Société anonyme des anciens établissements Panhard et Levassor s'est efforcée de créer des voitures réalisant le maximum de simplicité. Les organes ont été groupés de façon à ce qu'ils soient tous parfaitement accessibles et que leur démontage puisse se faire vivement et facilement.

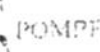

POMPE

LANDAULET LIMOUSINE (fermé)

LANDAULET LIMOUSINE (découvert)

Tout en réduisant le nombre des types, les dimensions des châssis ont été déterminées de façon à pouvoir se prêter à l'établissement de tous les genres de carrosseries. Le choix des matériaux fait l'objet d'une étude spéciale afin que chaque pièce soit fabriquée avec le métal qui convient à son genre de travail.

Examinons maintenant la constitution des châssis que nous présentons cette année.

Châssis de 18, 24, 25, 35 et 50 chevaux : le moteur est le même aux dimensions près. Il est à quatre cylindres séparés, le vilebrequin est supporté par cinq paliers avec chapeaux rapportés, permettant ainsi de démonter la cuvette inférieure du carter sans enlever le vilebrequin. Les soupapes sont commandées. Elles sont extrêmement accessibles.

Du côté de l'aspiration, se trouve le carburateur : de ce même côté, on peut monter une dynamo servant à recharger les accumulateurs destinés à l'éclairage de la voiture.

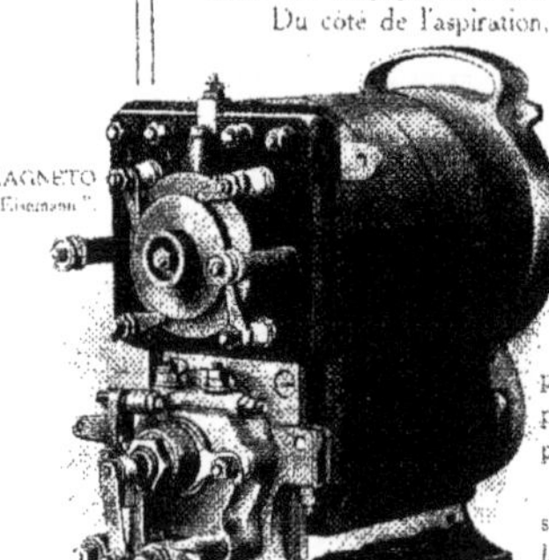

MAGNETO "Eisemann".

Du côté de l'échappement sont placées la pompe de circulation d'eau et la magnéto. Ces deux organes sont montés sur le même arbre, recevant par engrenages le mouvement de l'arbre à cames. Cet arbre est supporté par trois paliers avec chapeaux ; ceux-ci sont reliés aux paliers par deux écrous qu'il suffit de dévisser pour pouvoir démonter la pompe et la magnéto.

Les moteurs, à partir de 24 HP, possèdent un système de décompression facilitant la mise en marche en ne conservant que la compression nécessaire pour l'allumage.

Le carburateur à reglage automatique bien connu assure la marche parfaite du moteur à toutes les allures. Grace à son emploi, la consommation d'essence est tres fortement reduite, car on obtient avec lui la carburation la meilleure, le moteur tournant à n'importe quelle allure. La combustion etant parfaite, le fonctionnement du moteur a lieu sans aucun degagement d'odeur ni de fumee ; il facilite aussi la bonne marche de la voiture, car on peut, sans à coups, faire tourner le moteur aux regimes les plus divers.

Sur tous les moteurs, le regulateur à force centrifuge est remplace par un régulateur hydraulique, qui fait corps avec le carburateur, reduisant ainsi au minimum le nombre des pièces, et concentrant dans l'espace le plus reduit les organes de la regulation. Les variations de pression de l'eau et de la pompe sont transmises par un appareil special au tiroir d'etranglement des gaz, de sorte que ceux-ci se trouvent d'autant plus etrangles que la pression de l'eau augmente et le moteur tourne plus vite.

Une magneto speciale à bougies fonctionnant pendant la marche des moteurs assure l'allumage du mélange explosif, supprimant ainsi la bobine à trembleurs. Cette magnéto est actionnee par un engrenage qui

MAGNETO
" Nilmelior ".

LIMOUSINE A CAPOTAGE (découverte)

LIMOUSINE A CAPOTAGE (fermée)

***

est en prise avec la roue montée sur un des arbres à cames.

La circulation d'eau se fait au moyen d'une pompe centrifuge commandée par engrenages. Cette pompe tourne à la vitesse du moteur et par conséquent à la même vitesse que la magnéto, ce qui a permis de monter sur un même arbre ces deux appareils, et de réduire ainsi le nombre des engrenages du moteur. La distribution de l'eau dans les cylindres se fait en série. L'eau passe d'abord dans le quatrième cylindre et se rend successivement dans les trois autres ; elle passe ensuite dans le radiateur. Cette disposition permet de réduire au minimum les tuyauteries de circulation d'eau.

DIRECTION

L'embrayage métallique se trouve monté maintenant sur tous les types de voitures. Il s'opère par la friction de nombreuses rondelles ou lames d'acier plongées continuellement dans un bain d'huile. Une série de rondelles solidaires du volant du moteur entraînent une autre série de rondelles solidaires de la transmission dès que l'on produit sur elles une pression convenable. Cette pression est donnée au moyen d'un ressort commandée au moyen d'une pédale ou d'un levier à main.

Le changement de vitesse est à train baladeur, mais avec prise directe en quatrième vitesse. Le principe de la prise directe donne un avantage au point de vue du rendement de la transmission en

EMBRAYAGE

quatrième vitesse, parce qu'on supprime à ce moment le frottement des engrenages ; mais il a, sur l'ancien système, l'inconvénient d'introduire aux autres vitesses un engrenage supplémentaire, et donne, par suite, un moins bon rendement à ces vitesses. Malgré cet inconvénient, il est préféré actuellement parce qu'il assure le minimum de bruit en palier, la vitesse de la voiture étant réglée par celle du moteur. La transmission aux roues arrière se fait toujours au moyen de deux chaînes.

Les freins sont de deux sortes : l'un à mâchoires agissant sur l'extérieur d'une poulie montée sur le différentiel ; l'autre agissant à l'intérieur de tambours montés sur les roues motrices. Ils serrent tous les deux aussi bien dans la marche avant que dans la marche arrière. Indépendamment de ces deux freins, les voitures sont munies d'un mode de freinage par le moteur. Il consiste à modifier le jeu des soupapes d'échappement de façon à créer des efforts résistants par une succession convenable de périodes d'aspiration et de compression.

FREIN

La manœuvre s'effectue au moyen d'une pédale à portée du conducteur qui agit sur l'arbre à cames d'échappement.

DOUBLE PHAÉTON AVEC CAPOTE

DEMI-LIMOUSINE

Ce frein, d'un fonctionnement très sûr et dont la manœuvre n'exige aucun effort de la part du conducteur, convient précisément dans les longues descentes dans les pays montagneux : il évite l'échauffement qui se produit toujours sur les freins lorsqu'on les utilise d'une façon prolongée.

Le châssis est en bois armé ; il présente sur le châssis métallique l'avantage que, tout en étant aussi léger, il est plus résistant que lui. Le graissage des moteurs et des engrenages se fait à l'huile minérale ; la graisse consistante sert au graissage des différents paliers et des roues.

CHANGEMENT de VITESSE de 25, 35 et 50 HP

Un appareil spécial assure la répartition convenable de l'huile. Dans les appareils en usage jusqu'ici, pour les véhicules automobiles, le débit de l'huile envoyé au moteur est proportionnel à la vitesse de rotation du moteur et non à la puissance développée, il en résulte qu'au moment où le moteur a peu d'effort à fournir et qu'il tourne à vide, le débit est trop abondant et donne un dégagement désagréable de fumée. Au contraire, lorsque le moteur tourne lentement utilisant toute sa puissance, le débit d'huile se trouve insuffisant. Pour remédier à cela, il faut que le conducteur règle lui-même le débit du graisseur.

La Société Panhard et Levassor a réalisé cette année un appareil dans lequel le débit d'huile est rigoureusement proportionnel à chaque

mstant a la puissance developpee par le moteur sans que le conducteur ait à intervenir.

Châssis 10 et 15 HP. Ils sont un peu différents de ceux des autres puissances. Le moteur est du même type que ceux precedemment decrits, sauf que le ventilateur au lieu d'etre derrière le radiateur est placé dans le volant du moteur. L'embrayage métallique du type connu et le changement de vitesse sont reunis dans un même carter fixe en quatre points à deux traversés. Cette position de l'embrayage assure un graissage parfait et, par conséquent, une grande douceur et une grande regularite de fonctionnement. Le changement de vitesse est à double train baladeur, mais le levier de commande se deplace sur un seul secteur. La transmission se fait par cardans. L'arbre de transmission est réuni à l'arbre actionnant les pignons d'angle par deux joints de cardan.

CHANGEMENT DE VITESSE
des 15 et 18 HP

Les engrenages d'angle et le differentiel sont places à l'interieur d'un carter rigide. Un frein à mâchoires agit sur une poulie fixee à l'arbre de transmission à sa sortie de la boite de vitesse. Deux freins à mâchoires agissent à l'interieur de tambours fixés aux roues motrices.

Le châssis est relevé à l'arriere. Le mode de transmission par cardan

VOITURE DE LIVRAISON (moteur à l'avant)

VOITURE DE LIVRAISON (moteur sous le siège)

****

a l'avantage de permettre d'établir des carrosseries à entrées latérales très franches et d'assurer le minimum de bruit. C'est ce qui a fait adopter ce type pour les voitures plus spécialement affectées au service de ville.

La Société Panhard et Levassor construit, en outre, des châssis 15 HP à chaînes, d'un type absolument semblable aux 18 HP.

Ainsi que nous le disions plus haut, on peut munir la voiture d'une dynamo destinée à recharger les accumulateurs servant à l'éclairage de la voiture. Quand on fait usage de cette dynamo, il faut lui adjoindre un disjoncteur automatique pour éviter que les accumulateurs ne se déchargent sur la dynamo dès que le voltage de celle-ci diminue lorsque le moteur ralentit.

Sur demande spéciale de ses clients, la Société Panhard et Levassor peut monter sur ces différents châssis un système de mise en marche automatique (brevet Saurer). Un petit compresseur actionné par un engrenage claveté sur l'arbre de transmission comprime l'air dans un réservoir. Une tuyauterie fait communiquer le réservoir d'air comprimé avec les différents cylindres et un clapet placé sur chaque cylindre empêche les gaz d'être refoulés dans cette tuyauterie. Un distributeur commandé par l'arbre à cames d'échappement est réglé de telle sorte qu'il fait communiquer avec le réservoir celui des cylindres qui se trouve à son temps d'explosion. Le

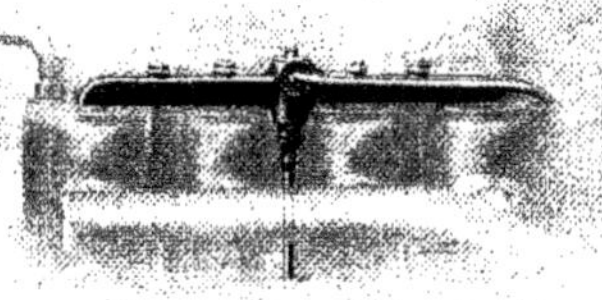

MISE EN MARCHE AUTOMATIQUE

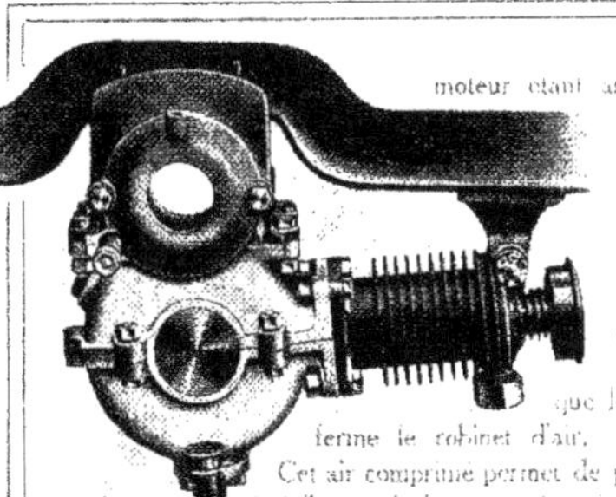

COMPRESSEUR D'AIR

moteur étant arrêté, pour mettre en route, le conducteur ouvre le robinet d'air comprimé, grâce au distributeur, l'air est introduit dans le cylindre qui se trouve à son temps d'explosion, et le piston est repoussé en bas de sa course. Dès que le moteur est en marche, on ferme le robinet d'air.

Cet air comprimé permet de pouvoir gonfler les pneus et éviter ainsi l'usage de la pompe à main.

Des amortisseurs progressifs que l'on peut monter sur les voitures permettent d'amortir, dans une certaine mesure, les oscillations des ressorts quel que soit le profil de la route, en créant des efforts de freinage proportionnels à la quantité dont les ressorts fléchissent.

BARRE DE CONNEXION DE LA DIRECTION

La Société Panhard et Levassor n'a pas cru devoir sacrifier à la mode qui consiste à placer la barre de connexion de la direction derrière l'essieu, car cette disposition présente de sérieux inconvénients. Elle rend beaucoup moins facile la surveillance qu'il faut pouvoir exercer sur les leviers de direction pour s'assurer du parfait état de ces pièces.

APPAREIL de manœuvre.

De plus, il est facile de se rendre compte que les roues d'une voiture en marche ont

CAMION (moteur à l'avant)

CAMION (moteur sous le siège)

toujours une tendance à pivoter de façon à s'ouvrir en éventail à l'avant. Cette tendance provient de l'effort moteur exercé sur l'essieu par les longerons du châssis et de l'effort résistant exercé sur les roues par le sol. Il en résulte qu'une barre de connexion placée à l'avant travaille à l'extension, tandis que placée à l'arrière elle travaille à la compression.

La première solution, adoptée par la Société Panhard et Levassor, est donc celle qui présente le plus de sécurité.

AMORTISSEUR PROGRESSIF

Imprimé par J. BARREAU, 16, Rue Littré, Paris.

IMP. J. BARREAU, PARIS

www.ingramcontent.com/pod-product-compliance
Ingram Content Group UK Ltd.
Pitfield, Milton Keynes, MK11 3LW, UK
UKHW051024210726
13857UKWH00007B/1740